◎ 锐扬图书 编

客厅
风格主张

U0288163

混搭
主张

最新客厅的重磅图库
设计师的风格主张灵感客厅

海峡出版发行集团 | 福建科学技术出版社
THE STRAITS PUBLISHING & DISTRIBUTING GROUP | FUJIAN SCIENCE & TECHNOLOGY PUBLISHING HOUSE

图书在版编目（CIP）数据

客厅风格主张.混搭主张/锐扬图书工作室编.—福州：福建科学技术出版社，2016.1
ISBN 978-7-5335-4900-8

Ⅰ.①客… Ⅱ.①锐… Ⅲ.①客厅－室内装饰设计－图集 Ⅳ.①TU241-64

中国版本图书馆CIP数据核字（2015）第277292号

书　　名	客厅风格主张·混搭主张
编　　者	锐扬图书工作室
出版发行	海峡出版发行集团
	福建科学技术出版社
社　　址	福州市东水路76号（邮编350001）
网　　址	www.fjstp.com
经　　销	福建新华发行（集团）有限责任公司
印　　刷	福建彩色印刷有限公司
开　　本	889毫米×1194毫米　1/16
印　　张	8
图　　文	128码
版　　次	2016年1月第1版
印　　次	2016年1月第1次印刷
书　　号	ISBN 978-7-5335-4900-8
定　　价	39.80元

书中如有印装质量问题，可直接向本社调换

目录

Contents

施工图示速查

001

003

004

004

006

012

014

015

019

021

022

022

024

024

027

029

029

030

033

035

035

037

042

042

044

施工图示速查

26 047	27 049	28 052	29 052	30 05
31 060	32 062	33 062	34 066	35 06
36 074	37 074	38 076	39 082	40 08
41 084	42 084	43 088	44 091	45 09
46 097	47 099	48 099	49 100	50 10
51 107	52 111	53 112	54 112	55 1

56 117   57 120   58 124

01

按照设计图纸，用点挂的方式将大理石固定在墙上，完工后进行石材养护；剩余墙面满刮三遍腻子，用砂纸打磨光滑，刷一层基膜，用环保白乳胶将壁布固定在墙面上；最后安装踢脚线。

爵士白大理石　　　　装饰壁布

装饰壁布

装饰茶镜

装饰灰镜 ⋯⋯⋯⋯

白枫木装饰条 ⋯⋯⋯⋯

水曲柳饰面板

石膏装饰线

艺术地毯

木质装饰横梁

米色大理石

有色乳胶漆

车边银镜

02

电视背景墙用水泥砂浆找平，按照设计图弹线放样，然后用木工板打底并做出凹凸造型；用蚊钉及胶水将硬包固定，最后用玻璃胶将银镜固定在底板上。

Tips

电视背景墙的设计原则

电视背景墙一般是作为客厅最重要的装饰平面出现的，因此其设计对客厅的装饰效果具有决定性的意义。电视背景墙的装饰设计一般要遵循以下四个原则。

1. 位置要正对观看者。一般要求电视的位置要正对观看者，任何斜位、侧位等都容易造成观看者的不适。

2. 色彩和纹理应柔和细腻。电视背景墙应以柔和的色彩为主，过分鲜艳的颜色容易给人带来压迫感；纹理应细腻，太夸张的纹理容易造成视觉上的疲劳。

3. 应维持一定的照度。很多人习惯关掉客厅的主照明灯光观看电视，因此电视背景墙应设计1~2处柔和的背景灯。照度合理的背景灯能降低电视屏幕与黑暗环境的反差，从而保护人们的视力。

米黄网纹大理石

装饰银镜

胡桃木饰面板

03 电视背景墙用水泥砂浆找平, 弹线放样, 用木工板做出两侧对称的造型, 贴装饰面板后刷油漆; 最后将订制的硬包固定在墙面上。

04 按照设计图中造型, 两侧墙面满刮三遍腻子, 用砂纸打磨光滑, 刷一层基膜, 用环保白乳胶将壁纸固定在墙面上, 剩余墙面用木工板打底, 用蚊钉及胶水固定软包。

皮革软包   车边银镜

胡桃木装饰线

装饰灰镜

印花壁纸

米黄色亚光砖

白色玻化砖

白色乳胶漆

装饰银镜

实木花格

木纹大理石

印花壁纸

05

电视背景墙两侧用木工板打底并做出对称造型，装贴饰面板后刷油漆；剩余墙面满刮三遍腻子，用砂纸打磨光滑，刷一层基膜，用环保白乳胶配合专业壁纸粉将壁纸固定。

米黄色玻化砖

印花壁纸

米色玻化砖

白色乳胶漆

米色网纹大理石

石膏装饰线

直纹斑马木饰面板

泰柚木饰面板

米黄网纹大理石

米色亚光砖

印花壁纸

混纺地毯

泰柚木饰面板

白色玻化砖

泰柚木饰面板

印花壁纸

密度板树干造型

米色网纹大理石

中式风格电视背景墙的混搭

中式风格融入了人们对传统文化的理解和提炼，而现代元素体现了人们对时尚舒适生活的追求，因此这两种风格混搭的电视背景墙非常常见。中式传统材质较为硬朗，常常使人精神紧张，加入少量的现代元素，能够放松人们的心情，并产生亲切的感觉。比如：具有反光效果的材料有很强烈的现代气质，与中式电视背景墙混搭，可以让整个客厅显得飘逸、疏朗、通透、明亮；现代艺术品代表着前卫和先锋，与中式电视背景墙混搭，也可以给电视背景墙带来新鲜的气息。除了将中式传统风格与现代风格混搭外，中式风格与其他地域风格的混搭现在也蔚然成风，最常见的是东南亚风格和中式风格的混搭：东南亚风格的镂空石雕，与中式风格的彩绘电视背景墙搭配在一起，主人广阔的生活便一览无余。

有色乳胶漆

装饰壁布

金刚板　　　　　　　　　胡桃木装饰线

有色乳胶漆

装饰壁布

米白网纹大理石

装饰灰镜

印花壁纸 ....

混纺地毯 ....

实木格栅

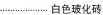

白色玻化砖

装饰茶镜

米色大理石

胡桃木饰面板

混纺地毯

米色玻化砖

印花壁纸

06

按照设计图纸用木工板做出两侧对称造型，装贴饰面板后刷油漆，用大理石粘贴剂将马赛克固定在墙面上；剩余墙面用木工板打底，安装成品木质收边条，用气钉及胶水将软包固定在底板上。

马赛克   布艺软包

浅啡网纹大理石波打线

装饰壁布

肌理壁纸

米色大理石

直纹斑马木饰面板

07

用湿贴的方式将仿古砖固定在电视背景墙上，剩余墙面用木工板打底。部分墙面用粘贴固定的方式将茶镜固定在指定底板上；两侧墙面装贴饰面板后刷油漆。

装饰茶镜

有色乳胶漆

皮纹砖

胡桃木饰面板

云纹大理石

黑镜装饰条

08

用点挂的方式将米黄大理石收边条及米色大理石固定在墙上，完工后进行抛光、打蜡处理。剩余墙面用木工板打底，用环保玻璃胶将黑镜固定在底板上。

雕花茶玻

装饰茶镜

中花白大理石

布艺软包

米黄网纹大理石

仿皮纹壁纸

白枫木装饰线

胡桃木饰面板

雕花银镜

皮革软包　　　　　　　　　　　印花壁纸

米色大理石

浅啡网纹大理石

雕花茶镜

色彩混搭电视背景墙的设计

色彩的混搭是最容易实现的，所以在电视背景墙的装饰中被广泛应用。电视背景墙的色彩混搭可以采用不同颜色的乳胶漆，也可以混用彩色的玻璃、壁纸等来实现。

最经典的搭配是米色碎花的壁纸两边加上白色墙板的遮挡，这样的搭配低调而时尚，又不失温馨浪漫的感觉。简单的红蓝撞色搭配效果也很夺目，不过需要注意确定一个颜色为主色，另一个颜色作为配色。白色和蓝色的混搭充满了大海的气息，最适合用于地中海风格和其他风格的混搭中。简单的白色墙板搭配胡桃木线条，能在现代简约的装饰风格中巧妙地融入中式元素。

事实上，即使不是混搭风格的电视背景墙，也很少只用一种颜色的。而色彩混搭的电视背景墙，其精华就在于在整体统一的色彩格调中凸显自己的个性。

胡桃木饰面板

印花壁纸

皮革软包

米色大理石

用点挂的方式固定米黄网纹大理石。两侧部分墙面用木工板打底，装贴饰面板后刷油漆；剩余墙面满刮三遍腻子，用砂纸打磨光滑，刷一层基膜，用环保白乳胶将壁纸固定在墙面上。

米黄网纹大理石

有色乳胶漆

木质花格

肌理壁纸

米色网纹玻化砖

印花壁纸

白松木板吊顶

红樱桃木饰面板

装饰黑镜

皮革软包

木纹大理石

10

电视背景墙用水泥砂浆找平，用硅酸钙板做出造型，剩余墙面用木工板打底，装贴饰面板后刷油漆。

直纹斑马木饰面板

水曲柳饰面板

米白色玻化砖

马赛克

印花壁纸

条纹壁纸

 11

部分墙面满刮三遍腻子，用砂纸打磨光滑，刷一层基膜后贴壁布。两侧墙面软包基层用木工板打底，用气钉及胶水将定制的软包固定在底板上，最后固定成品收边线条。

 12

墙面按照设计图做出弧线造型，用点挂的方式固定大理石；剩余墙面满刮三遍腻子，用砂纸打磨光滑，刷底漆一遍、面漆两遍。

印花壁纸

肌理壁纸

混纺地毯

白色玻化砖

条纹壁纸

印花壁纸

印花壁纸

印花壁纸

白枫木装饰线

印花壁纸

车边银镜

13

墙面用水泥砂浆找平后，部分墙面用木工板打底，做出凹凸造型，用粘贴固定的方式将银镜固定在底板上；用气钉及胶水固定硬包。剩余墙面满刮三遍腻子，用砂纸打磨光滑，刷一层基膜，用环保白乳胶配合专业壁纸粉粘贴壁纸。

14

墙面找平后，部分墙面满刮三遍腻子，用砂纸打磨光滑，刷一层基膜，用环保白乳胶将壁布固定在墙面上；剩余墙面用木工板打底，装贴饰面板后刷油漆。

胡桃木饰面板

水曲柳饰面板

直纹斑马木饰面板

直纹斑马木饰面板

米色网纹大理石

Tips

可用于电视背景墙混搭的材料

可用于电视背景墙混搭的材料很多，常见的有石材、木质饰面板、玻璃、金属、壁纸和壁布、乳胶漆、石膏板等。

石材色彩自然，隔音、阻燃，适用于高挑、宽敞的空间。木质饰面板花色品种繁多，价格经济实惠，清洁方便，容易与其他材料互相搭配而不会产生冲突。玻璃与金属材料能给居室带来很强的现代感，美观大方，防霉耐热，对光线不太好的房间还能增强采光。壁纸和壁布色彩鲜艳，品种繁多，环保，遮盖力强，施工简单，能起到很好的点缀效果。乳胶漆几乎可以实现任何色彩，灵活搭配软装饰品的话，也能起到很好的衬托作用。石膏板可实现复杂造型，拥有其他材料无法比拟的艺术造型能力。

有色乳胶漆

红樱桃木饰面板

混纺地毯

泰柚木饰面板

米色洞石

雕花银镜

车边银镜

胡桃木装饰线

白色亚光墙砖

米色网纹大理石

印花壁纸

15

墙面按照设计图纸砌出凹凸造型，用干挂的方式将洞石固定在墙面上；剩余墙面满刮三遍腻子，用砂纸打磨光滑，刷一层基膜，用环保白乳胶配合专业壁纸粉将壁纸固定在墙面上。

条纹壁纸

米白洞石

木质格栅吊顶

中花白大理石

木纹大理石

米黄洞石

茶镜装饰条

皮革软包

16

电视背景墙用木工板打底，做出软包基层，安装胡桃木收边线条后，用气钉及胶水将软包固定在底板上。

17

 按照设计图纸在墙面上弹线放样，在墙上安装钢结构，用干挂的方式将石材固定在墙上，完工后做石材保养；剩余墙面满刮三遍腻子，用砂纸打磨光滑，刷一层基膜，粘贴壁纸。

米色网纹大理石

有色乳胶漆

灰白洞石

混纺地毯

有色乳胶漆

18

电视背景墙用水泥砂浆找平后，用干挂的方式将大理石固定在墙面上；最后用气钉及胶水将胡桃木顶角线固定。

胡桃木顶角线

红砖

条纹壁纸

有色乳胶漆

泰柚木饰面板

印花壁纸

混纺地毯

米色大理石

装饰壁布

混搭客厅的色彩设计

色彩的混搭能给客厅带来丰富的视觉层次，如果对色彩搭配不是很有信心，那么可以采用一些经典的搭配，一样可以取得很好的装饰效果。比如，蓝色系与橘色系的色彩搭配，能表现出现代与传统、古与今的交汇，赋予空间新的生命。蓝与白的搭配能表现出清凉、自由的气氛，令人心胸开阔。鹅黄色搭配蓝紫色或嫩绿色很适合有小孩的家庭；绿色让人内心平静；黄色让人轻快，而最为经典的配色莫过于黑、白和灰色的搭配了。黑、白、灰的搭配还拥有着众多的变化：60％黑＋20％白＋20％灰体现出优雅的气质；50％黑＋40％白＋10％灰体现出冷酷的气质。

云纹大理石

泰柚木饰面板

印花壁纸

19

墙面找平后,部分墙面用点挂的方式将大理石固定,剩余墙面用木工板做出银镜的基层,用环保玻璃胶将银镜固定在底板上。

肌理壁纸

金刚板

马赛克

混纺地毯

装饰壁布

仿古砖

艺术墙砖

肌理壁纸

肌理壁纸

木纹大理石

艺术地毯

云纹大理石

20

电视背景墙用水泥砂浆找平后，用干挂的方式将大理石固定在墙面上，粘贴完毕后用勾缝剂填缝，最后对石材进行抛光、打蜡等养护。

装饰壁布

21

用点挂的方式将大理石收边条固定；部分墙面满刮三遍腻子，用砂纸打磨光滑，刷一层基膜，用环保白乳胶粘贴壁布；剩余墙面用木工板做出镜面的基层，用环保玻璃胶将镜面固定。

实木装饰线

有色乳胶漆

印花壁纸

艺术墙砖

米色玻化砖

仿古砖

米黄色大理石

印花壁纸　　　　　　　　　　　　　深啡网纹大理石波打线

电视背景墙用水泥砂浆找平，根据设计需要在墙上安装钢结构，用干挂的方式将大理石固定在墙上，完工后对石材进行抛光、打蜡处理。

深啡网纹大理石

红樱桃木饰面板

爵士白大理石

装饰壁布

金刚板

仿古砖

装饰茶镜

白枫木装饰线

金刚板

中花白大理石

皮纹砖

石膏装饰线 ·······················

金刚板 ·····················

有色乳胶漆

白色玻化砖

泰柚木饰面板　　　仿古砖

泰柚木饰面板

金刚板

手绘墙饰

羊毛地毯

艺术地毯

有色乳胶漆

米黄色抛光砖

仿古砖

青砖

混搭客厅的注意事项

客厅是家居空间中接待来客最重要的场所,其装饰设计也尤为重要。混搭风格的客厅设计应注意以下问题。

1. 混搭不是乱搭。"混搭"符合现在人们追求个性、追求随意的生活态度。但随意也不可以乱搭,同时处理好多种风格的搭配与协调,才能体现"混搭"的精华。

2. 和谐统一是首要。在"混搭"风格的客厅内,既可以有欧式的家具,也可以有中式的饰品;既能体会到怀旧的感觉,也能发现休闲、轻松的元素。但不管怎样混搭,都应该形成统一的格调。表面看上去一个空间中多种风格并存,但实际上所有的元素都只是为了给居家环境营造一个特定的主题。

3. 饰品体现个性化。能体现主人个性的家居饰品是混搭装饰风格的最佳用品。例如,欧式风格中的几件中式饰品就能够让客厅变得更加出彩,更有个性。

木质装饰横梁

 23

用硅酸钙板做出设计图中的造型，剩余墙面满刮三遍腻子，用砂纸打磨光滑，刷一层基膜，用环保白乳胶配合专业壁纸粉将壁纸固定在墙面上。

24

电视背景墙用水泥砂浆找平后，用木工板打底并做出凹凸造型，部分墙面装贴饰面板后刷油漆；剩余墙面用环保玻璃胶将镜面固定在底板上。

泰柚木饰面板

木质装饰横梁

白色玻化砖

桦木饰面板

有色乳胶漆

红樱桃木装饰线

木纹大理石

肌理壁纸

白色亚光墙砖

水曲柳饰面板

装饰茶镜

 25

用湿贴的方式将亚光墙砖固定在墙面上，按照设计图中造型安装木质装饰收边线条，剩余墙面满刮三遍腻子，用砂纸打磨光滑，刷底漆、白色面漆。

红樱桃木装饰线

米色亚光砖

米黄网纹大理石

雕花银镜

米黄色网纹玻化砖

泰柚木饰面板

装饰黑镜

装饰壁布

布艺软包

米色网纹玻化砖

桦木饰面板

白松木装饰横梁

中花白大理石

26

用点挂的方式将大理石固定在墙面上，用专业勾缝剂填缝，完工后对石材进行抛光、打蜡处理；剩余墙面用木工板打底，用环保玻璃胶将雕花银镜固定在底板上。

米色网纹大理石

直纹斑马木饰面板

印花壁纸

印花壁纸

装饰银镜

仿古砖

混搭客厅的地面设计

地板是客厅装修的最底面，其设计应起到稳定整个客厅的作用。在混搭客厅设计中，往往会运用多种颜色和风格来丰富客厅的层次，这时就应该注意，地面的设计应能衬托客厅的墙面与顶面的色彩和花纹及所有的主要家具。例如，客厅中使用了明黄色的沙发和墙壁，而又使用了蓝色的柜子、彩色格子地垫，这是一种典型的色彩混搭，活泼中透出对生活的热爱，这时选择地板就不能用浅色的了，因为浅色会使地板的色调没办法衬托其他装饰面和家具的色彩。而一款深咖啡色的地板，就能衬托起这款靓丽的混搭色，使参与混搭的色彩在客厅中更显协调。

泰柚木饰面板

白枫木装饰线

根据设计需求在墙面上弹线放样, 安装钢结构, 用干挂的方式将大理石固定在墙上; 剩余两侧墙面用木工板做出镜面的基层, 用环保玻璃胶将镜面固定。

装饰黑镜　　　　混纺地毯

印花壁纸

装饰壁布

有色乳胶漆

白桦木饰面板

皮革软包

水曲柳饰面板

条纹壁纸

深啡网纹大理石波打线

有色乳胶漆

有色乳胶漆

马赛克

雕花银镜

木质花格

木纹大理石

米色洞石

28

按照设计图纸在墙面上弹线放样，用干挂的方式固定洞石，完工后进行石材养护；两侧剩余墙面用木工板打底，用粘贴固定的方式将艺术茶镜固定在底板上。

29

电视背景墙用水泥砂浆找平，按照设计图纸在墙面上弹线放样，用点挂的方式将大理石固定在墙上，完工后进行抛光、打蜡处理；剩余墙面粘贴壁纸。

中花白大理石

有色乳胶漆

米黄网纹大理石

装饰黑镜

木质花格贴银镜

米黄洞石

有色乳胶漆 ·········· •

印花壁纸 ·········· •

黑胡桃木装饰立柱 ··········

印花壁纸

白枫木装饰线

30

用干挂的方式固定木纹大理石，完工后进行石材养护；剩余墙面满刮三遍腻子，用砂纸打磨光滑，刷一层基膜后贴壁纸；镜面的基层用木工板打底，用粘贴固定的方式固定装饰镜。

木纹大理石

米色大理石

艺术壁纸

装饰壁布

雕花黑镜

布艺软包

装饰灰镜

泰柚木饰面板

密度板拓缝

金刚板

仿皮纹壁纸

仿古砖

马赛克

混纺地毯

印花壁纸

客厅的顶面设计

客厅顶面的设计应遵循一定的原则：色彩、材质、明暗要上轻下重，避免吊顶过低、阴角线过宽、色彩过重；反光材料不宜过多；材料种类不宜过多；造型不宜繁琐、图案不宜细碎，力求简洁生动、重点突出、主次分明、协调统一。

现在一般普通客厅的层高较低，可在四周做环形吊顶，中间镂空部分可以做成方形或者圆形的造型，也可以设计成其他形状。在吊顶的四周装上嵌入式筒灯，在造型的内壁暗藏灯光，再在吊顶中央安装吸顶灯，这是比较不容易出错的设计。

与餐厅、玄关合建的客厅可采用半边吊顶的形式，可以起到有效区分客厅和其他区域的作用。

混纺地毯

石膏装饰线

胡桃木顶角线　　　　　　　　　　　　　　　　胡桃木窗棂造型

装饰银镜

米色大理石

车边银镜　　　　有色乳胶漆

浅啡网纹大理石 ....

石膏装饰线

布艺软包

装饰壁布

仿古砖

装饰茶镜

有色乳胶漆

艺术地毯

布艺软包

31

根据设计需求在电视背景墙上弹线放样,安装钢结构,用干挂的方式将订制的大理石固定在墙上,固定成品实木收边线条;剩余墙面用木工板打底,用环保玻璃胶将装饰镜面固定在底板上。

肌理壁纸

装饰银镜

皮革软包

仿古砖

印花壁纸

泰柚木饰面板

黑胡桃木踢脚线

有色乳胶漆弹涂

木纹大理石

32

电视背景墙用水泥砂浆找平,用点挂的方式将大理石收边条和木纹大理石固定在墙面上,用专业填缝剂勾缝,完工后进行抛光、打蜡等石材养护。

33

根据设计需求在墙面上弹线放样,安装钢结构,用干挂的方式将大理石固定在墙上,完工后用专业填缝剂勾缝;剩余墙面用木工板打底,用环保玻璃胶将装饰镜面固定在底板上。

米黄大理石

条纹壁纸

米色玻化砖

艺术地毯

有色乳胶漆 ······

爵士白大理石 ······

装饰壁布

艺术地毯

印花壁纸

米色玻化砖

水曲柳饰面板

仿古砖

石膏顶角线

泰柚木饰面板

有色乳胶漆

车边茶镜

仿古砖

玻璃电视背景墙施工注意事项

如果电视背景墙采用玻璃制作，并且还要起到隔断的作用，最重要一点是要做到安装牢固、不松动。由于容易被碰撞，因此首先应考虑其安全性，最好是采用安全玻璃，目前市面上的安全玻璃有钢化玻璃和夹层玻璃。其次，用于电视背景墙的玻璃厚度应满足以下要求：钢化玻璃厚度不小于5毫米，夹层玻璃厚度不小于6.38毫米。对于无框玻璃，应使用厚度不小于10毫米的钢化玻璃。另外，玻璃底部与槽底空隙应用至少两块聚氯乙烯支承块支承，支承块长度应不小于10毫米。

红樱桃木饰面板

印花壁纸

34

电视背景墙用水泥砂浆找平，部分墙面满刮三遍腻子，用砂纸打磨光滑，刷基膜粘贴壁纸；剩余墙面用木工板打底，按照设计图安装成品收边条，装贴饰面板后刷油漆；最后用粘贴固定的方式将装饰基膜固定在底板上。

装饰银镜

印花壁纸

米黄网纹大理石

胡桃木饰面板

米白色亚光砖

有色乳胶漆

印花壁纸

泰柚木饰面板

水曲柳饰面板

布艺软包

石膏装饰线

装饰壁布

中花白大理石

米黄大理石

仿古砖

木纹大理石 ········

木质窗棂造型 ········

红樱桃木饰面板

米黄网纹大理石

35

电视背景墙用水泥砂浆找平，用木工板打底，安装成品木质收边条，用气钉及胶水将硬包固定在底板上；最后用环保玻璃胶将装饰镜面固定。

装饰茶镜   硬包

米色玻化砖

白枫木装饰线

印花壁纸

米色网纹玻化砖

木纹大理石

中花白大理石

中花白大理石 ……

印花壁纸 ……

装饰壁布 ……

米色玻化砖 ……

文化石

米色大理石

用马赛克装饰电视背景墙有什么特点

马赛克是一种精巧、多变的墙面装饰材料。它凭借绚丽的色彩、多样的材质、华美且极具视觉冲击力的造型图案，成为时尚电视背景墙装修材料的新宠。马赛克按质地分为陶瓷马赛克、大理石马赛克、玻璃马赛克、金属马赛克等几大类。其中，玻璃马赛克又分为熔融玻璃马赛克、烧结玻璃马赛克。目前应用最广泛的有玻璃马赛克和金属马赛克，其中由于价格原因，最为流行的当属玻璃马赛克。

车边银镜

皮纹砖

艺术地毯

云纹大理石

直纹斑马木饰面板 ·········

肌理壁纸 ·········

白枫木饰面板 ·········

仿古砖 ·········

混纺地毯

装饰壁布

木质窗棂造型

 36

客厅顶棚用水泥砂浆找平, 做出凹凸灯带造型, 满刮三遍腻子, 刷底漆、面漆; 最后用气钉及胶水将订制的木质装饰线固定在顶面上。

 37

按照设计图中造型, 用硅酸钙板做出弧线造型, 部分墙面用木工板打底, 装贴饰面板后刷油漆; 剩余墙面满刮三遍腻子, 用砂纸打磨光滑, 刷底漆、面漆。

马赛克

装饰壁布

米黄大理石

有色乳胶漆

仿木纹亚光砖

装饰壁布

布艺软包

仿洞石玻化砖

白色釉面墙砖

仿古砖

胡桃木装饰线

仿古砖

38

根据设计需求在墙面上弹线放样,砌出设计图中造型,用湿贴的方式将文化砖固定,用专业填缝剂勾缝;最后摆放入订制好的书柜。

黑胡桃木装饰线

文化砖

深啡网纹大理石

条纹壁纸

黑白根大理石

马赛克

仿古砖

红樱桃木装饰线

桦木饰面板

米色亚光砖

金刚板

条纹壁纸

浅啡网纹大理石

浅啡网纹大理石

深啡网纹大理石波打线

有色乳胶漆

金刚板

有色乳胶漆

仿木纹壁纸

Tips

木质材料装饰电视背景墙有什么特点

在木质材料上拼装制作出各种花纹图案是为了增加材料的装饰性。在生产或加工材料时，可以利用不同的工艺将木质材料的表面做成各种不同的表面组织，如粗糙或细致、光滑或凹凸、坚硬或疏松等；或者将材料拼镶成各种艺术造型，如拼花墙饰。还可以用杉木条板或俄罗斯松木条板贴在电视背景墙造型上，表面再涂一层木器清漆，进行整体装饰，这样看起来就很美观。

金刚板

装饰壁布

米色网纹大理石

米黄大理石

木纹大理石

米色亚光砖

木质搁板

白色乳胶漆

仿古砖

彩色釉面墙砖

桦木饰面板

有色乳胶漆

仿古砖

米色大理石

装饰黑镜

39

按照设计图中造型，在墙面上弹线放样，安装钢结构，用干挂的方式将大理石固定在墙上；剩余墙面用木工板打底，用环保玻璃胶将装饰镜面固定在底板上。

爵士白大理石

40

电视背景墙用水泥砂浆找平，部分墙面用木工板打底，装贴饰面板后刷油漆；剩余墙满刮三遍腻子，用砂纸打磨光滑，刷一层底漆、两层面漆。

红樱桃木饰面板

装饰壁布

白枫木饰面板

原木饰面板

雕花银镜

按照设计图纸，部分墙面满刮三遍腻子，用砂纸打磨光滑，刷基膜粘贴壁布；两侧用木工板打底做出镜面的基膜，用玻璃胶将其固定；剩余墙面刷一层底漆、两层面漆。

电视背景墙用水泥砂浆找平后，用点挂的方式将大理石固定在墙面上；剩余墙面用木工板打底，用气钉及胶水将软包固定在底板上。

米黄网纹大理石

米色玻化砖

马赛克

装饰硬包

深啡网纹大理石

红樱桃木饰面板

有色乳胶漆

仿古砖

木质窗棂造型

灰白色网纹玻化砖

中花白大理石

艺术地毯

白松木装饰横梁

仿古砖

文化石

装饰茶镜

肌理壁纸

有色乳胶漆

Tips

木板饰面应注意什么

木板饰面可做各种造型，具有各种天然的纹理，可给室内带来自然的视觉效果。木板饰面一般是在9毫米底板上贴3毫米饰面板，再打上纹钉固定。要引起注意的是：用木板饰面的做法就如中国画的画法，一定要"留白"，把墙体用木板全部包起来的想法并不理智，除了增加工程开支外，对整体效果帮助不大。饰面板进场后就应该涂刷一遍清漆作为保护层。木板饰面中，如果采用的是饰面板装饰，技术问题不大，但如果采用的是夹板装饰、表面刷漆(混油)的做法，就有防开裂的要求了。木饰面防开裂的做法：一是接缝处要进行45°角处理，其接触处形成三角形槽面；二是在槽里填入原子灰腻子，并贴上补缝绷带；三是表面用调色腻子批平，然后再进行其他漆层的处理(涂装手扫漆或者混油)。

有色乳胶漆

灰白色网纹玻化砖

肌理壁纸

布艺软包

 43

电视背景墙用水泥砂浆找平后，部分墙满刮三遍腻子，用砂纸打磨光滑，刷一层基膜，用环保白乳胶配合专业壁纸粉将壁纸固定在墙面上；剩余墙面用木工板打底，装贴饰面板后刷油漆。

车边茶镜

水曲柳饰面板

云纹大理石

装饰壁布

中花白大理石

石膏装饰线

实木雕花贴银镜

米黄大理石

白松木吊顶

仿古砖

有色乳胶漆 ·········

米色亚光砖 ·········

米黄大理石

车边银镜

装饰黑镜

44

用点挂的方式将大理石固定在墙面上,用专业填缝剂勾缝,完工后进行抛光、打蜡处理;剩余墙面用木工板打底,安装成品木质收边条,最后用玻璃胶将装饰镜面固定在底板上。

绯红网纹大理石　　装饰银镜

泰柚木饰面板

艺术地毯

白色乳胶漆 ·············

仿古砖 ·············

木纹大理石

米色亚光砖

米色网纹玻化砖

装饰茶镜

 45

电视背景墙用水泥砂浆找平,按照设计图中造型砌出壁炉造型,用湿贴的方式将文化石固定;剩余墙面满刮三遍腻子,用砂纸打磨光滑,刷底漆、面漆。

文化石

有色乳胶漆

中花白大理石 ……………………

马赛克 ……………………

装饰壁布 ……………………

白枫木窗棂造型 ……………………

白枫木饰面板

中花白大理石

灰白洞石

使用镜面玻璃装饰墙面应注意的事项

装镜面玻璃以一面墙为宜,不要两面墙都装,以免造成反射。镜面玻璃的安装应按照工序,在背面及侧面做好封闭,以免酸性的玻璃胶腐蚀镜面玻璃背面,造成镜面斑驳。平时应避免阳光直接照射镜面玻璃,也不能用湿手去摸镜面玻璃,以免潮气侵入,使镜面的光层变质发黑。还要注意不使镜面玻璃接触到盐、油脂和酸性物质,因为这些物质容易腐蚀镜面。

红樱桃木饰面板

中花白大理石

装饰银镜

金刚板

装饰壁布

仿古砖

木纹大理石

米黄大理石

水曲柳饰面板

胡桃木饰面板

直纹斑马木饰面板

羊毛地毯

艺术墙砖

46

根据设计需求,在墙面上弹线放样安装钢结构,用干挂的方式将大理石固定在墙面上;剩余墙面用木工板打底,装贴饰面板后刷油漆。

红樱桃木装饰立柱

印花壁纸

米色网纹大理石

镜面马赛克

米色网纹大理石

云纹大理石

浅啡网纹大理石

印花壁纸

水曲柳饰面板

仿古砖

米色大理石

47

视背景墙找平,用湿贴的方式将仿古砖固定在面上,用专业填缝剂勾缝;用木工板做出灯带型,剩余墙面用点挂的方式将大理石固定。

48

根据设计需求将墙砌成凹凸造型,满刮三遍腻子,用砂纸打磨光滑,部分墙面刷一层基膜,用环保白乳胶配合专业壁纸粉将壁纸固定;剩余墙面刷一层底漆、两层面漆。

红樱桃木顶角线

白色乳胶漆

装饰壁布

彩色釉面墙砖

印花壁纸

金刚板

墙面按照设计图纸弹线放样,安装钢结构,用干挂的方式将大理石固定,完工后进行抛光、打蜡处理。

米色大理石

艺术地毯

铁锈黄网纹大理石

条纹壁纸

仿古砖

米色玻化砖

装饰壁布

装饰壁布

艺术地毯

装饰壁布

米色玻化砖

皮革软包

印花壁纸

装饰茶镜

金刚板

米色大理石

如何选购装饰玻璃

选购装饰玻璃应注意以下几点："看"，看颜色和通透度，这是最直观的，好的装饰玻璃色彩鲜明、上色均匀、形象逼真，极少有气泡和杂质；"摸"，用手感觉玻璃做工是否精细，好的装饰玻璃手感细腻、光滑、不毛糙，线路纹理流畅；"贴"，用透明胶布贴玻璃的上漆面，看油漆是否脱落；"闻"，新玻璃一般有股淡淡的清香。

肌理壁纸   米色玻化砖

白枫木装饰线　　　　　　　　　　　　　有色乳胶漆

白枫木装饰线

车边银镜

印花壁纸

装饰硬包

胡桃木装饰线 ......

混纺地毯 ......

有色乳胶漆

木纹大理石

木纹大理石

装饰壁布

中花白大理石

白色玻化砖

黑胡桃木装饰线

仿古砖

50

电视背景墙根据设计需求弹线放样，安装钢结构，用干挂的方式将深啡网纹大理石收边条及大理石固定；剩余墙面用木工板打底，用环保玻璃胶将装饰镜面粘贴在底板上。

装饰黑镜

51

电视背景墙用水泥砂浆找平，用木工板做出灯带造型，满刮三遍腻子，用砂纸打磨光滑，刷一层基膜，用环保白乳胶配合专业壁纸粉将两种壁纸固定在墙面上。

金刚板

白枫木装饰线

金箔壁纸

石膏顶角线

装饰壁布

红樱桃木饰面板

实木花格

金刚板

木质装饰横梁

金刚板

白色乳胶漆

装饰壁布

装饰黑镜

水曲柳饰面板

米黄色网纹大理石

实木装饰立柱 条纹壁纸

如何选购纸面石膏板

1. 在选购纸面石膏板时，首先要向商家索要纸面石膏板的质检报告，从而了解纸面石膏板的品质。

2. 检查厚度：主要是检查纸面石膏板的厚度是否达标，是否符合国家标准。纸面石膏板的含水率应小于25%；厚度应该不少于9毫米；起裂荷载纵向392牛顿，横向167牛顿。

3. 检查护面纸与板芯粘结程度：随机找几张板材，在端头露出石膏芯和护面纸的地方用手揭开护面纸，如果揭开的地方护面纸出现层间撕开，表明板材的护面纸与石膏芯粘结良好；如果揭开的地方护面纸与石膏芯层间出现撕裂，则表明板材粘结不良。还可用指甲掐一下石膏是否坚硬，如果手感松软，则为不合格产品；用手掰试石膏板角，易断、较脆均为不合格产品。

4. 检查外观质量：仔细察看石膏板正面是否有油渍或水印，石膏板正面是否平整，有没有较多和较深的波纹状沟槽和划伤。

胡桃木饰面板

泰柚木饰面板

铁锈黄网纹大理石

52

根据设计需求在墙面弹线放样，安装钢结构，部分墙面用干挂的方式将订制的大理石固定墙面上，安装木质成品收边条；剩余墙面用湿贴的方式将木纹墙砖固定在墙面上。

车边茶镜

白枫木装饰线

车边银镜

仿古砖

仿古砖　　　　文化砖

 53

根据设计需求将墙砌成凹凸弧形造型，用湿贴的方式将文化砖固定在墙上；剩余墙面满刮三遍腻子，用砂纸打磨光滑，刷底漆、面漆。

54

按照设计图纸，将电视背景墙砌成凹凸弧形造型，满刮三遍腻子，用砂纸打磨光挂，刷一层基膜，用环保白乳胶将壁布固定在墙上；剩余墙面刷一层底漆、两层白色面漆。

装饰壁布

皮纹砖

米色玻化砖

米黄大理石

装饰茶镜

米色大理石

石膏顶角线

仿古砖

胡桃木装饰横梁

仿古砖

装饰黑镜

米色玻化砖

55

根据设计需求,将墙面砌成凹凸造型,用点挂的方式将大理石固定在墙面上;剩余墙面用木工板打底,安装订制的成品木质装饰线,最后装贴饰面板、刷油漆。

胡桃木饰面板

肌理壁纸

皮纹砖

米黄大理石

混纺地毯

白枫木装饰线

装饰灰镜

中花白大理石

红樱桃木饰面板

印花壁纸

装饰银镜

中花白大理石

白色乳胶漆

金刚板

仿古砖

胡桃木装饰线

56

用点挂的方式将大理石收边条及大理石固定在墙上，完工后进行石材养护；剩余墙面用木工板打底，最后将订制的木质花格固定在底板上。

木质花格

胡桃木装饰线

白枫木装饰线

仿古砖

白色乳胶漆

密度板混油

有色乳胶漆

文化石

马赛克

木质装饰横梁

装饰茶镜

皮纹砖

白色乳胶漆

装饰银镜

皮纹砖

如何选购装饰石膏板

1. 种类选择。根据板材正面形状和防潮性能的不同，装饰石膏板可分为普通板和防潮板两类。普通装饰石膏板用于客厅、卧室等空气湿度小的地方，防潮装饰石膏板则可以用于厨房、卫生间等空气湿度大的地方。

2. 标志。包装箱上应印有产品的名称、商标、质量等级、制造厂名、生产日期及防潮和产品标记等标志。购买时应重点查看质量等级标志。装饰石膏板的质量等级是根据尺寸允许偏差、表面不平度和直角偏离度划分的。装饰石膏板的尺寸偏差过大及直角偏离度过大，会使拼装后装饰表面拼缝不整齐；表面不平度过大，则会使整个表面凹凸不平。所以尺寸偏差、直角偏离度和表面不平度对装饰石膏板的装饰表面影响很大。

3. 外观质量。装饰石膏板正面不应有影响装饰效果的气孔、污痕、裂纹、缺角、色彩不均匀和图案不完整等缺陷。外观检查时应在0.5米远处光照明亮的条件下，对板材正面进行目测检查。

文化砖

仿古砖

仿古砖

印花壁纸

57

根据设计需求把墙面砌成壁炉造型，用湿贴的方式将文化砖固定在部分墙上；剩余墙面满刮三遍腻子，用砂纸打磨光滑，刷一层基膜，用环保白乳胶配合专业壁纸粉将壁纸固定在墙面上。

文化砖

金箔壁纸

爵士白大理石

仿古壁纸 ⋯⋯⋯⋯⋯⋯⋯⋯⋯⋯⋯⋯⋯

木质格栅 ⋯⋯⋯⋯⋯⋯⋯⋯⋯⋯⋯⋯⋯

有色乳胶漆 ⋯⋯⋯⋯⋯⋯⋯⋯⋯⋯⋯

中花白大理石　　　　　　　　　　　　　　肌理壁纸

木质窗棂造型

胡桃木装饰线

米色网纹玻化砖

有色乳胶漆

木质格栅 ......

艺术地毯 ......

木质装饰横梁 ......

红砖 ......

皮革软包

仿古砖

浅啡网纹大理石

胡桃木装饰线

米黄大理石

金刚板

58

电视背景墙用水泥砂浆找平，用木工板做出灯带造型，用点挂的方式将大理石收边条及木纹大理石固定在墙面上，完工后用专业填缝剂勾缝。

红樱桃木装饰线

木纹大理石